毎日チェック
してね！

記入例

月 日（金）	月 日（土）	月 日（ ）
朝 g	朝 g	朝
夜 g	夜 g	夜
朝	朝	朝
夜	夜	夜

JN023735

10月17日（火）
朝 40g
夜 40g
とくに変わらない。
朝 完食
夜 3分の1くらい残す
夕方、おやつに豆苗を4本あげた。
とくになし。 長い時間ブランコで 遊んでいた。
目、耳、鼻、おしりは きれい。くちばしに 食べかすがついていた。
色はいつもと同じ。 少し水っぽい。
おやつでおなかいっぱいに なったのか、夜ごはんを 少し残していた。

生きものとくらそう！❷
小 鳥

はじめに

小さくてかわいらしい小鳥は人気のペットです。表情豊かで、飼い主のまねをしたり、言葉をおぼえたりします。小鳥のことを知れば知るほど、とりこになることでしょう。

小鳥は体が小さく、鳴き声も小さいので、育てるのが簡単だと思うかもしれません。

ところが、いざ小鳥を飼うとなると、ごはんをあげたり、ケージのそうじをしたり、水浴びや日光浴をさせたり、毎日お世話をする必要があります。小鳥が健康にすごすためには、定期的に健康診断を受ける必要もあります。また、小鳥は体が小さくても、10年20年と長生きします。いっしょにすごす長い時間の中で、小鳥が元気で幸せにくらせるように、大切にしていかなければなりません。

この本では、小鳥の基本的な性格や体の特ちょう、お世話のしかた、仲よくなるコツなどをくわしく説明しています。

小鳥は感情豊かで愛情深い生きものなので、この本を読んで大切に育てれば、きっと心を通わせることができます。

小鳥とのくらしの中で、わたしたちのよろこびは2倍に、悲しみは半分になることでしょう。

寄崎まりを（森下小鳥病院院長）

もくじ

1 小鳥ってどんな動物？

2 小鳥をむかえる前に

3 小鳥のお世話をしよう

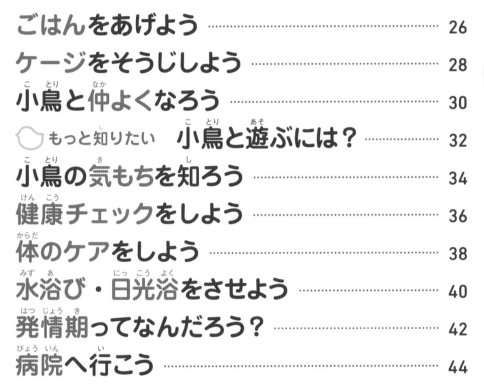

こんなとき、どうする？ Q&A

この本では小鳥の中でもインコ・オウム・フィンチを紹介します。

どんな小鳥がいるの？

**体の色や大きさ、顔つき、性格など、
小鳥によってさまざまな特ちょうがあります。**

インコ

セキセイインコ

世界中で飼われている人気の小鳥です。カラフルな羽が美しく、5,000種類以上のカラーがあるといわれています。おしゃべりじょうずで、歌やものまねが得意です。人なつっこい性格をしています。

DATA

【原産地】	オーストラリア
【大きさ*】	18 〜 20 cm
【体重】	30 〜 40 g
【寿命】	8 〜 10 年

＊この本では、小鳥のくちばしの先から尾羽の先までの長さ（全長）を大きさとしています。

ハゴロモセキセイインコ

セキセイインコの品種の1つ。背中の羽毛に「羽衣」と呼ばれるまき毛があることから、その名がつきました。

コザクラインコ

ずんぐりした体とつぶらなひとみが愛らしい小鳥です。額やほお、胸の羽毛が桜色をしていることから名づけられました。パートナーへ愛情をたっぷり注ぐことから、「ラブバード」と呼ばれています。ふれあい好きで活発な性格の鳥が多いですが、やきもち焼きな一面もあります。

```
DATA
【原産地】 アフリカ
【大きさ】 約15 cm
【体重】  45 ～ 55 g
【寿命】  約15 年
```

ボタンインコ

「アイリング」と呼ばれる目のまわりの白いわっかが特ちょうです。名前の由来は、目が洋服のボタンに見えるからとも、牡丹の花のように丸みのある体をしているからともいわれています。コザクラインコと同じように「ラブバード」と呼ばれています。基本はおっとりした性格ですが、気が強い一面もあり、こうげき的になることもあります。

```
DATA
【原産地】 アフリカ
【大きさ】 約14 cm
【体重】  35 ～ 45 g
【寿命】  約15 年
```

DATA
- 【原産地】 南アメリカ
- 【大きさ】 約12 cm
- 【体重】 約30 g
- 【寿命】 約12 年

マメルリハインコ

手のひらにおさまるくらい小さな鳥です。宝石の「瑠璃」の色（むらさきがかった青）の羽をもつ小さな鳥ということから名づけられました。鳴き声も小さめです。とても好奇心おうせいで、マイペースな性格をしています。遊びが好きな鳥が多いです。

DATA
- 【原産地】 南アメリカ
- 【大きさ】 約16 cm
- 【体重】 約50 g
- 【寿命】 約15 年

サザナミインコ

その名のとおり、体全体に入るさざ波もようが特ちょうです。ほかの小鳥とくらべて動きがゆっくりで、前かがみになってペタペタと歩きます。おとなしくのんびりとした性格です。

オウム

オカメインコ

「チークパッチ」と呼ばれるほおの赤い色がかわいらしい小鳥です。チークパッチがお面のおかめに似ていることから、その名がつきました。あまえんぼうで、おだやかな性格をしています。おくびょうな一面があり、地震などがくると、パニックを起こすこともあります。インコという名前がついていますが、オウムの仲間です。

DATA
- 【原産地】 オーストラリア
- 【大きさ】 29〜33 cm
- 【体重】 80〜100 g
- 【寿命】 約15 年

オカメインコはインコ？ オウム？

鳥類の分類学上、インコやオウムは「オウム目」に分類される。オウム目は世界中に約300種類以上いるといわれており、大きく「インコ科」「オウム科」「ヨウム科」に分かれる。オカメインコのようにインコと呼ばれていても、じつはオウム科の鳥もいる。

フィンチ

小鳥には「フィンチ」と呼ばれる種類がいます。フィンチとは、スズメの仲間の鳥の中で、飼うことができる小鳥をさします。

ブンチョウ

クリクリした大きな目と赤い「アイリング」が特ちょうです。手のひらにのってくつろぐなど人になつきやすいことから、江戸時代からペットとして日本人に親しまれてきました。

> DATA
> 【原産地】 インドネシア
> 【大きさ】 約 15 cm
> 【体重】 約 25 g
> 【寿命】 8 〜 10 年

ジュウシマツ

野生のキンパラ属の鳥をペット化した小鳥です。おだやかな性格で、ほかの鳥ときょうだいのように仲よくすごすことから、「十姉妹」と名づけられました。

> DATA
> 【原産地】 アジア
> 【大きさ】 10 〜 13 cm
> 【体重】 12 〜 15 g
> 【寿命】 6 〜 8 年

カナリア

自立心が強い小鳥です。人とはあまりなれあわず、ひとりですごすことが好きです。オスの美しいさえずりが人気です。

> DATA
> 【原産地】 カナリア諸島
> 【大きさ】 12 〜 20 cm
> 【体重】 20 〜 25 g
> 【寿命】 約 8 年

キンカチョウ

「ミーミー」と、ねこのようなふしぎな声で鳴きます。ほおのオレンジ色の「チークパッチ」とむねのしまもようはオスのみの特ちょうで、メスにはありません。

> DATA
> 【原産地】 オーストラリア　【体重】 約 12 g
> 【大きさ】 約 10 cm　【寿命】 6 〜 8 年

向かって左がメス、右がオス

小鳥の習性を知ろう

小鳥を飼う前に、小鳥という動物について知りましょう。

群れでくらす小鳥の性質

野生の小鳥は、群れをつくってくらしています。小鳥はいつも仲間と行動をともにし、高い木の枝などにとまって、敵におそわれないようにしています。また、仲間とコミュニケーションをとるために、鳴き声を使い分けることもあります。ペットとして家で飼われている小鳥にも、野生の性質が残っています。どんな特ちょうがあるのか見てみましょう。

愛情深い

小鳥は一度パートナーをきめたら、相手が亡くなるまで愛しつづけます。その愛情は人に対しても同じように向けられ、スキンシップやおしゃべりなど、いろいろな方法で愛情表現をしてくれます。

宿題してるの？
がんばって！

この丸いの、なんだろう？

好奇心おうせい

小鳥は楽しいことが大好き。なかにはおくびょうな鳥もいますが、基本的には、チャレンジ精神が強いです。興味をひかれるものに、近づいていったり、じっと見つめたり、わくわくしているようすが見られます。

高いところが好き

野生の小鳥は、敵におそわれないようにたいてい木の上ですごしています。そのため、本能的に高いところが好きなのです。

鳥は恐竜から進化した

小鳥は、恐竜を祖先にもちます。2足歩行をする恐竜の中から羽毛をもつ恐竜があらわれ、つばさを発達させたり、体を小型化したりして、鳥類へと進化していきました。鳥には、あしがウロコ状だったり、卵をうんだりなど、見た目や体のしくみに恐竜のなごりが見られます。

いっしょが好き

野生の小鳥は、敵から身を守るために群れをつくってくらしています。そのため、仲間といっしょが大好きで、人にも近寄ってきます。行動をともにしたり、同じしぐさをしたりして安心しているのです。

ねるときも
いっしょ

みんな平等

野生の小鳥の群れは、いくつもの家族が集まってできていますが、群れをまとめるボスはいません。はっきりとした順位がなく、みんな友だちのような関係です。

みんな横ならびが
いちばん！

好きな人を
まねっこしたい

「モデル」と「ライバル」がいる

野生の小鳥は、パートナーや親鳥を「モデル（お手本）」にして行動をまねします。また、群れの中に「ライバル」を見つけることもあり、ライバルがなにか行動を起こすと、同じ行動をするぞ、と負けじとやる気を見せます。小鳥にとって、「モデル」と「ライバル」はとても大切な存在なのです。

規則正しい生活リズム

小鳥は、毎日規則正しく生活することを好みます。野生では、日の出とともに活動をはじめ、日がしずむとねむります。昼に行動して夜に休む生活ができないとストレスになります。

いろいろな時期がある

小鳥は成長していく中で、自意識がめばえたり（→16ページ）、発情したり（→42ページ）、いろいろな変化があります。心のバランスがみだれやすくなるため、かまいすぎないことが大切です。

11

小鳥の体のひみつ

遠くまで飛んだり、高いところで器用に止まったり、小鳥の体にはどんなひみつがあるのでしょう。

小鳥の体は、空を飛ぶためのつくり

鳥は、恐竜から進化しました。前あしがつばさに変わり、体が小さく、軽くなるなど、長い時間をかけて空を飛ぶためのしくみを手に入れ、生きのびてきたのです。

呼吸器

鳥には肺につながる「気のう」というふくろが体の中に広がっていて、呼吸を助けている。気のうがあるおかげで、酸素がうすい上空を飛んだり、長い距離を飛びつづけたりすることができる。また、気のうは体温を調節する役割もはたす。

あし

インコのあしの指は前とうしろで2本ずつに分かれている（「対趾足」という）。ブンチョウは前に3本、うしろに1本の形（「三前趾足」という）。対趾足のほうが、ものをつかみやすい。

体

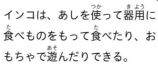

インコは、あしを使って器用に食べものをもって食べたり、おもちゃで遊んだりできる。

オウムやインコなど　対趾足

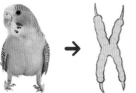

ブンチョウなど　三前趾足

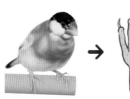

羽毛

鳥の羽毛には綿羽（ダウン）と、正羽（フェザー）の2種類がある。正羽はさらに、風切羽、体羽、尾羽の3つに分けられる。

筋肉のひみつ

つばさを動かすために、小鳥は胸の筋肉がとても大きく発達している。その大きさは体重の4分の1をしめるほど。ふだんは羽毛に包まれていてわかりづらいが、じつはマッチョな体型をしている。

綿羽

正羽の内側にはえている羽。体をあたたかくたもつ。

正羽

風切羽

つばさの骨に直接ついている羽。飛ぶために使われる。

体羽

皮ふや綿羽を守り、体温をたもったり、水をはじいたりするための羽。

尾羽

飛んでいるときに向きを変えたり、バランスをとったりするための羽。

骨

小鳥の骨は、体を軽くたもつため、中が空どうになっている。骨の中には小さな柱のような支えの骨がたくさんある。胸には大きな筋肉を支えるための、板状の骨（竜骨突起）がある。

小鳥の骨はしょうげきで折れやすいが、くっつくのもはやい。

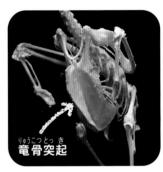

竜骨突起

尾脂腺

こしの上部にある、あぶらを出す器官。ここから出るあぶらを羽毛や体にぬることで、水をはじいたり、細菌が増えるのを防いだりしている。

羽づくろいをするときに、あぶらを全身につける。

消化器・ひ尿器

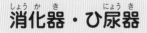

小鳥は体を軽くたもつため、ひんぱんにはいせつする。大腸が短く、ぼうこうをもたないなど、ウンチをためこまないつくりになっている。

顔（かお）

鼻（はな）

小鳥の鼻には2つのタイプがある。1つは、鼻の穴が「ろうまく」というやわらかい肉性のまくで包まれているタイプ。もう1つは、鼻の穴が羽毛でおおわれていて外から見えないタイプ。

セキセイインコやオカメインコなどは、鼻の穴が見えるタイプ。

コザクラインコやブンチョウなどは、鼻の穴が見えないタイプ。

くちばし

小鳥には、歯がないかわりにくちばしがある。くちばしと舌を使って食べものの皮をむいたり、小さく割ったりできる。

かたい殻がついたヒマワリの種も、くちばしと舌で器用に殻を割り、中身を食べる。

冠羽（かんう）

オカメインコなどの、オウム科の鳥のみ、頭の上に長い羽毛をもつ。感情に合わせて、上がったり下がったりする。

落ちついているとき　こうふんしているとき

耳（みみ）

目の少し下に小さな穴があいていて、そこから音を聞く。羽毛でおおわれているため、外からは見えない。

目（め）

小鳥の目は、顔の横側に少し飛び出すようにしてついている。そのため、見えるはんいが約330度ととても広く、敵に気づきやすい。

小鳥（ブンチョウ）　フクロウ

フクロウなどの肉食の鳥の目は、顔の前にあるため、ものを立体的に見やすく、えものをとらえやすい。

もっと知りたい 小鳥のすごい能力

視覚（見る）

空を飛びながら食べものをさがしたり、遠くにいる敵を見つけたりするため、五感の中でとくに発達した。人間の5〜8倍ほど視力がよく、人間には見えない紫外線の色も見分けることができる。

ちょう覚（聞く）

頭を動かして音が鳴っている場所をさがし当てる。人間とくらべて、聞きとれる音のはんいがせまい。音を聞き分ける力とおぼえる力はすぐれているため、ものまねやおしゃべりができる。

きゅう覚（かぐ）

人間と同じくらいのにおいがわかる程度。においつきのごはんを好んだり、ふだんとちがうにおいがついたヒナを親鳥がかんだりすることから、においのちがいはわかると考えられている。

味覚（味を感じる）

舌にある、味を感じる「味蕾」という器官は少ないが、味はわかるようで、苦いものをきらい、甘いものを好むことが多い。味や舌ざわりから、好ききらいをきめるため、食べものの好みを変えるのはむずかしい。

しょっ覚（ふれる感覚）

体をさわられることにびんかんで、仲間どうしで羽づくろいをしあったり、なでられたりするのが好き。ただし、温度や痛みは感じにくいため、やけどなどに注意が必要。くちばしにも感覚がある。

脳のひみつ

心理学者のペッパーバーグ博士が飼育していたヨウムのアレックスは、5さい児くらいの知能をもっていたといわれている。アレックスは50もの物体を区別でき、7つの色と5つの形をおぼえていた。また、その場にないものをねだったり、質問をしたり、自分の気もちを言葉にすることもできた。

小鳥の成長のしかた

小鳥はどんなふうに大きくなっていくのでしょう？

小鳥の成長は大きく分けて6段階

小鳥も人と同じように、年をとるにつれて体と心が変化します。6段階ある成長に合わせて、ごはん選びやふれあいかたなど、お世話のくふうが必要です。小鳥がいま、どの段階にいるのか知っておきましょう。

※小鳥の成長には差があるため、月れい・年れいは目安です。

ヒナ
インコ：卵からかえって約35日まで
ブンチョウ：卵からかえって約25日まで

生まれてからヒナのうちは、巣の中で親に育てられています。巣から自力で出てくるようになると、少しずつ感情や判断力がめばえます。お世話をしてくれる相手に親しみをもつようになります。

幼鳥
インコ：約35日～3か月
ブンチョウ：約25日～4か月

ヒナの羽毛からおとなの羽毛へとはえ変わりはじめます。親にごはんを食べさせてもらわなくても、ひとりでごはんを食べられるようになり、自意識がめばえます。反抗的な態度をとることもあります。このころから成鳥用のケージにならしていきます。

若鳥（わかどり）
インコ：約3〜8か月
ブンチョウ：約4〜6か月

羽毛がすっかりはえ変わり、親から自立します。このころから人との関係が、お世話をしてくれる相手から、パートナーへと認識が変わります。社会性を身につけるため、ほかの鳥や人と会わせたり、積極的にスキンシップをとったりして、いろいろな経験をさせましょう。

成鳥（せいちょう）
インコ：約8か月〜4さい
ブンチョウ：約6か月〜3さい

体が成長し、子どもをつくれるようになります（発情期がおとずれる）。自己主張が強くなり、好ききらいがはっきりします。こうげき的になることもあります。活発に動ける時期なので、たくさん遊ばせましょう。

壮年鳥（そうねんちょう）
インコ：約4〜8さい
ブンチョウ：約3〜6さい

心が安定してきます。元気に動けますが、たいくつさを感じると、自分の羽をぬいたり、大声で鳴きつづけたりなどの問題行動を起こすこともあります。遊びをくふうして、しげきをあたえましょう。子どもはつくれますが、繁殖にともなう病気（➡45ページ）になりやすく、よい時期ではありません。

老鳥（ろうちょう）
インコ：約8さい〜
ブンチョウ：約6さい〜

若いころの力がなくなり、少しずつ体がおとろえていきます。いままでのように行動できなくなることで、ストレスを感じやすくなります。やさしく声をかけて、おだやかにすごさせましょう（➡47ページ）。

小鳥を飼う心がまえ

命ある生きものをむかえるときは、最期まで
責任をもって飼えるか、よく考えてみましょう。

大切な家族として小鳥をむかえよう

小鳥はお世話をしてもらわないと生きていけません。いまの飼いたいと思う気もちだけでなく、この先ずっと責任をもって飼いつづけられるかどうか、むかえる前によく考えましょう。

毎日お世話をしよう

ペットの小鳥は、飼い主のお世話がなければ生きていけません。ごはんやそうじ、温度・湿度の管理、日光浴、水浴びなど、さまざまなお世話が必要です。いそがしくても、毎日お世話できるか考えましょう。

一生大事にしよう

小鳥の寿命はセキセイインコで8〜10年、いちばん小さなキンカチョウでも6〜8年といわれています。オカメインコは30年以上生きることもあります。自分や家族の10年先を想像して、最期までめんどうをみられるか考えましょう。

家族みんなでかわいがろう

新しい家族が増えるのですから、家族全員が小鳥をむかえることに賛成していなければなりません。みんなで協力してお世話ができるか、鳥アレルギーをもっていないか、むかえる前によく確認しておきましょう。

すごしやすい環境にしよう

小鳥が落ちついてすごせる環境を用意してあげましょう。小鳥との生活をイメージして、ケージなど必要なグッズを用意しましょう。また、部屋に鳥をはなすときのために、鳥にとって危険なものは片づけておきましょう（→31ページ）。

かかるお金を知っておこう

最初にそろえるケージやグッズに2〜3万円かかります。また、毎日小鳥が食べるごはん代、定期的な健康診断や病気にかかったときの病院代などもかかります。小鳥をはじめ、生きものを飼うにはお金がかかることも知っておきましょう。

ほかの動物とくらせる？

すでにほかの動物を飼っている場合、自然界で鳥の敵となる動物と小鳥を同じ部屋で飼うのはさけましょう。鳥を食べようとしない動物であれば、仲よくなれることもあります。いっしょに飼うときは、飼育温度のちがいに注意しましょう。

⭕ ほかの鳥、うさぎ、ハムスター

❌ いぬ、ねこ、フェレット

小鳥をむかえる準備

小鳥が家の中でのびのびとくらすためには、どんな準備をしたらよいでしょうか。

あらかじめ準備しよう

新しい家になれるまでは、小鳥もとても不安です。小鳥が安心してくらせるように、家の中に危険なところがないか確認したり、くらしに必要なグッズをそろえたりしましょう。

お部屋の準備をしよう

小鳥が落ちついてすごせる安全な場所にケージをおきましょう。

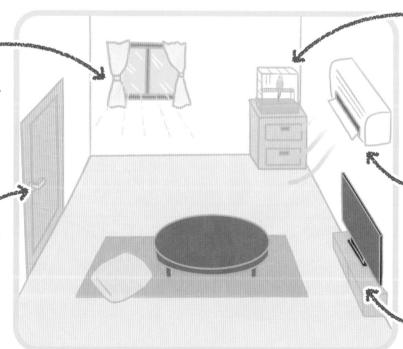

× 窓の近く
風や日光が直接当たる場所は温度変化がはげしいので向かない。

× ドアの近く
ドアの開け閉めの音や人の足音などでうるさく、小鳥が落ちつけない。

○ 部屋のすみ
人通りが少なく、かべに面した場所がおすすめ。ケージはゆかに直接おかず、低いたなの上などにおこう。

× エアコンの風が当たる場所
風が直接当たると、体温が急に変わり、体調をくずしてしまう。

× テレビの横
音がうるさい場所の近くは落ちつけず、よくねむれない。

必要なグッズをそろえよう

必ず用意したいのは、ケージとごはんと止まり木など。あると便利なグッズは必要になったら用意しましょう。

ケージ

小鳥の体の大きさに合わせて選ぶ。ステンレス製だと、さびにくく長もちする。底には新聞紙などの紙をしいておく。

ケージのサイズ

小型の鳥（セキセイインコなど）
→ 1辺が 35 cmほど。

中型の鳥（オカメインコなど）
→ 1辺が 45 cmほど。

おうちのレイアウト

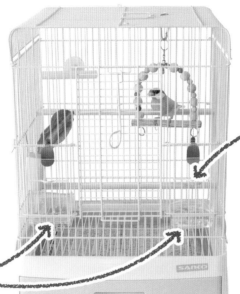

食器

ごはん用と飲み水用に2つ用意する。ケージとセットでついていることが多いが、使いにくそうであれば別のものを選ぶ。

ごはん

小鳥用のごはんは、総合栄養食のペレットとシードがある（→26ページ）。

キャリーケース

むかえるときや病院へ行くときに使う。

体重計

健康管理のため、体重をはかる（→38ページ）。

止まり木

止まったときにつめ先が少しはなれるくらいの太さが理想。

温湿度計

温度と湿度をたもつため、ケージの近くにおいて確認する（→28ページ）。

保温器具

ケージの底にしくパネルタイプと、ケージにとりつける電球タイプがある。

あると便利なグッズ

おもちゃ

ブランコやボールなど、いろいろな種類がある。（→32ページ）。

水浴び容器

水浴びをするときに使う底が浅い器。ケージに固定できるタイプもある（→40ページ）。

菜さし

小松菜などの青菜をさしておく容器。ケージに固定して使う。

そうじ道具

ケージやまわりのそうじ用に、専用のものを用意する（→29ページ）。

2 小鳥をむかえる前に

むかえるときの注意

小鳥はヒナからむかえる場合と、
少し成長した若鳥からむかえる場合があります。

はじめて飼うなら若鳥にしよう

小鳥はヒナと若鳥ではお世話のしかたやお世話にかかる時間がちがいます（→16ページ）。若鳥は体調が安定していて、ごはんもひとりで食べられますが、ヒナは体調をくずしやすく、数時間おきにさしえをしなければいけません。はじめて飼うなら、若鳥のほうがお世話しやすいでしょう。

若鳥をむかえる場合

若鳥は環境が整っていれば、日中家をあけても問題ありません。人になれている鳥を選ぶと、はやく仲よくなれます。

● 健康な小鳥を選ぼう

むかえる先で飼育環境を確認し、小鳥を実際にさわらせてもらうことも大切です。

見た目
- 目がぱっちりと開き、目のまわりがよごれていない
- おしりがよごれていない
- 鼻水が出ておらず、鼻のまわりもよごれていない
- くちばしが変形していない
- あしに力があり、止まり木をしっかりつかめている

ようす
- 人の手をこわがらない
- よく動き、元気に鳴く
- ごはんをよく食べている
- 羽をふくらませていない

● ゆっくり仲よくなろう

新しい環境になれるまでは、必要なお世話にとどめてそっとしておきましょう。

むかえた日	→	2〜3日目
ごはんと水をあげて、静かに見守る。		ケージごしに名前を呼ぶなど声をかける。

4〜6日目		1週間〜
ケージから出して、手からおやつをあげてみる。	→	毎日時間をきめて、部屋にはなす。

ヒナをむかえる場合

ヒナを育てるときにいちばん大切なのは適温をたもつこと。
必要なグッズをそろえて、あたたかくたもちましょう。

＼ ヒナに必要なグッズ ／

プラスチックケース

ヒナのうちは、保温性の高いプラスチックケースで育てる。

ヒナ用として売られているペーパーマットやキッチンペーパーなどをしく。よごれたらすぐに交かんする。

ゆか材

加湿器

湿度をたもつためにセットする。ぬれタオルをケージの近くにおいてもよい。

空気をあたためる電球タイプがベスト。ヒナが直接ふれないようにケースの外側にセットする。

保温器具

食器

ヒナにごはんをあげるときに使う。スプーンタイプやシリンジ(針のない注射器)タイプがある。

ごはん

栄養バランスのよいヒナ専用のパウダーフード(フォーミュラ)がおすすめ。

温湿度計

ヒナのようすに合わせて温度 26 ～ 32℃、湿度 50 ～ 60％くらいをたもてるように確認する。

● 健康な小鳥を選ぼう

起きているときに、歩きかたやあしの太さ、ごはんをよく食べるかなどを確認しましょう。

見た目

- なみだ目になっていない
- くちばしのかみあわせが正常
- あしの指やつめが欠けていない
- 羽毛がよごれていない

ようす

- ごはんをよく食べている
- あしを引きずっていない
- ケースの外で人が指を動かすと目で追う

● ごはんをあげよう

親鳥のかわりにごはんをあげる「さしえ」の時期には、栄養をたっぷりあたえましょう。

おなかがいっぱいになると胸がふくらみ、おなかがすくと胸が小さくなる。ブンチョウはシリンジを、インコやオウムはスプーンを使ってさしえをする。

🔍 ごはんのきりかえ

さしえの時期(生後29 ～ 35日)が終われば、ごはんのあげかたを変える。まずはプラスチックケース内にシードやペレットをおくなどし、体重を確認しながら少しずつさしえの回数を減らしていく。

もっと
知りたい

鳥の保護団体とは？

いろいろな理由で、飼い主とくらせなくなった鳥がたくさんいます。飼い主のいない鳥は保健所や動物愛護センターなどに引きとられ、引きとり手が見つからなければ殺処分されてしまうこともあります。保護団体「TSUBASA」では、このような鳥たちを保護し、新たな飼い主をさがす活動を行っています。鳥を飼うときには、知りあいからヒナをゆずり受けたり、専門店からむかえたりすることもできますが、保護施設から引きとり、里親になることも考えてみましょう。

TSUBASAの運営する保護施設「とり村」にはインコやオウム、フィンチなどさまざまな鳥が100羽以上くらし、スタッフがお世話をしている。週に2回、専属の獣医もおとずれ、健康管理をしている。

どんなところ？

● 1階

鳥グッズが購入できるお店があります。売り上げは、保護鳥たちの生活費として使われます。

引きとられた鳥は、新しい場所になれるため、また病気を広げないために、ほかの鳥たちと隔離した部屋で45日間すごす。

● 2階

鳥たちの生活スペース。大型の鳥が日光浴できる中庭や、体調がよくない鳥がすごす看護室があります。ケージは、鳥の種類や相性などを考えて、しんちょうに分けられています。

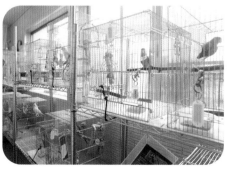

看護室

どんな鳥がいる？

年れいや種類のちがういろいろな鳥がいて、人が好きだったり、反対に人とのふれあいが苦手だったりと、性格もさまざまです。

別々の家から引きとられて来た鳥も、相性がよければ同じケージですごすこともある。

もともとの性格以外に、飼い主との別れや環境の変化などで、人が苦手になる鳥もいる。とり村では、人との生活になれるように、少しずつトレーニングを行っている。

里親になるには？

❶ 里親会に申しこむ

ホームページの専用フォームから、里親会への参加を申しこみます。

❷ 里親会に参加する

里親会に参加して気になる鳥がいたら、ふたたび家族みんなでおとずれて面会をします。

❸ ホームステイ

スタッフから鳥についての説明を受けたあと、約1週間ホームステイします。

❹ 鳥の引きわたし

ホームステイを終えて問題がなければ里親になれます。

ホームステイ前のセキセイインコ。まわりに人がいない状態で、ひとりでごはんを食べる練習中。

全国にはほかにも保護団体があります。
さがしてみましょう。

紹介したのは……

認定NPO法人TSUBASA　保護施設「とり村」
〒352-0005 埼玉県新座市中野2-2-22
（電話）048-480-6077　（ファックス）048-480-6078
営業時間　午後1時〜午後5時
ホームページ　https://www.tsubasa.ne.jp

ごはんをあげよう

**小鳥が健康にすごせるように、
正しいごはんのあげかたをおぼえましょう。**

毎日の食事が大切！

小鳥に合ったごはんを選び、毎日きまった量をあげるなど、小鳥の健康を守るために知っておきたいポイントがあります。また、主食の種類によっては副食が必要なこともあります。小鳥に食べさせると危険なものもあるのでよく確認しましょう。

ごはんを選ぼう

小鳥用の主食は、総合栄養食である「ペレット」と、穀物の種子である「シード」があります。基本は栄養バランスのよいペレットを選びましょう。また、ペレットも体調や成長段階に合わせて栄養を調節したものにきりかえが必要です。

ペレット

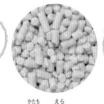
**ナチュラル
タイプ**

つぶの大きさや形を選べる。ウンチの色に影響しないため、健康チェックがしやすい。

**カラー
タイプ**

味や形が色ごとにちがうため、楽しく食べられる。健康チェックには不向き。

そのほか

カロリー（エネルギー）がことなるものや、病気の鳥のためのものなどがある。

シード

**ミックス
シード**

いろいろな種類の皮つきの種子が混ざっている。シードはビタミンやミネラルが少ないので副食やおやつで栄養を補おう（➡27ページ）。

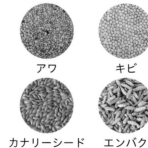

アワ	キビ	ヒエ
カナリーシード（カナリアシード）	エンバク	ソバ

ごはんをあげてみよう

1日にあげるごはんの量は小鳥の体重の10％が目安ですが、小鳥の種類や年れい、体重、健康状態、季節によって、あげる量や種類はことなります。獣医さんに相談してきめましょう。ごはんの食べかたを観察すると、小鳥の体調の変化にも気づけます。

ごはんのあげかた

❶ ごはんの量をはかろう

小鳥の体重をはかって体重の10％（体重40gなら4g）を目安にごはんの量をはかります。小鳥がちょうどいい体重をたもつように、ごはんの量を調節しましょう。
1g単位ではかれるキッチンスケールが便利。

できるだけ毎日小鳥の体重をはかって、ごはんの量を確認しよう。

❷ 回数を分けてあげよう

一度にたくさん食べてしまうと小鳥の体に負たんがかかります。1日に必要な食事の量を2〜3回に分けてあげましょう。また、きまった時間にあげることも大切です。食べ残しはすべて捨てて、毎回新しいものをあげましょう。

副食とおやつをあげよう

主食がシードの場合、野菜などの副食で栄養を補います。
主食がペレットの場合は、小鳥の楽しみとしてあげましょう。

副食

野菜
緑黄色野菜を選ぼう。青菜なら小松菜やチンゲン菜、豆苗などがおすすめ。

サプリメント
ビタミンやヨードを補う。シードが主食なら毎日あげる。❗

カトルボーン（イカの甲）　ボレー粉（カキの殻）

カルシウム飼料
カルシウムやミネラルを補う。シードが主食のときや産卵時には毎日あげる。

おやつ

アワ穂　果物　市販のおやつ　ドライフルーツ

おやつ
とくべつなときのごほうびとして、少しだけあげる。

❗ ペレットが主食の場合、ビタミン剤をあげるとオーバードーズ（薬の飲みすぎ）になってしまうのであげない。

❗ 絶対にあげてはいけないもの

小鳥が食べると中毒を起こすなど命にかかわるものがあります。絶対にあげないでください。

- ✕ アボカド
- ✕ 果物の種
- ✕ ネギ類
- ✕ チョコレート
- ✕ コーヒー・お茶
- ✕ アルコール類

種

🔍 観葉植物も注意

食べものだけでなく、部屋にかざっている観葉植物なども食べると危険です。小鳥を部屋に出すときは片づけておきましょう。

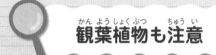

✕ チューリップ、アサガオ、ユリ、ポインセチア、スズランなど

ケージをそうじしよう

小鳥が病気にならないように、ケージの温度の管理や
そうじなど、毎日お世話をしましょう。

清けつな環境で
病気の原因をなくそう

小鳥はケージですごす時間が長いため、よ
ごれていたり、温度変化がはげしかったり
すると、病気になってしまいます。小鳥の
健康を守るために、いつも清けつで気もち
のよい状態をたもちましょう。

温度と湿度を管理しよう

野生の小鳥はあたたかい地いきやすずしい地い
きなど、すむ場所によって快適に感じる温度や
湿度がことなります。ペットの小鳥の場合、健
康であれば、それほど気をつかう必要はありま
せん。小鳥のようすを見て調節しましょう。

温度と湿度の目安

	健康な若鳥・成鳥	ヒナ・幼鳥・老鳥・病鳥
温度	20～30℃くらい	26～30℃くらい
湿度	40～60％くらい	50～60％くらい
ポイント	小鳥のようすや種類に合わせる。	小鳥のようすを見ながらつねにあたたかくする。

● 暑いときのサイン

暑がっていたら、エアコンの温度を下げたり、
ケージの上に保冷剤をおいてあげたりしましょう。

口が半開き

つばさを
わきにつけず
うかせている

ハアハアと
息があらい

● 寒いときのサイン

寒がっていたら、エアコンの温度を上げたり、ケージ
の近くに保温器具をおいてあげたりしましょう。

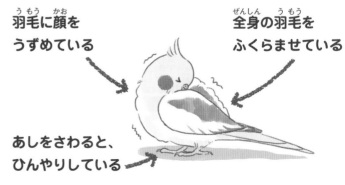

羽毛に顔を
うずめている

全身の羽毛を
ふくらませている

あしをさわると、
ひんやりしている

ケージをそうじしよう

よごれたままのケージは、呼吸器や皮ふの病気などをまねく原因になります。小鳥のケージはぬけた羽やウンチ、食べこぼしなどでよごれやすいため、きれいにしましょう。毎日すみずみまでそうじをする必要はありません。毎日するそうじと定期的にするそうじに分けて行いましょう。

あると便利なそうじグッズ

▶ **ぞうきん**　ケージとそのまわりをふく。

▶ **歯ブラシ**　さくの間やすみなどのよごれをとる。

▶ **ヘラ**　フン切りあみについたウンチをとる。

▶ **ミニほうき・ちりとり**　ケージまわりをはく。

▶ **洗剤・消毒剤**　ペット専用のものを使う。

そうじのしかた

毎日

❶ 紙を交かんしよう

ウンチでよごれるため、ケージの底にしいた紙（新聞紙など）を毎日交かんする。

❷ 食器を洗おう

食器をよく洗って水気を切り、新しいごはんと水を入れてもどす。

❸ 部品を確認しよう

ケージやおもちゃがこわれていないか、よく確認する。

週に1回

フン切りあみを洗おう

あみについたウンチをヘラでとる。ケージの底の引き出しの中も、ふいたり、洗ったりする。

月に1回

ケージを分解して洗おう

ケージを分解してすみずみまで洗う。よくふいたら、太陽の光に当ててしっかりかわかす。

そうじ中、小鳥にはキャリーケースの中にいてもらおう。

小鳥と仲よくなろう

小鳥と仲よくなるために、信らいしてもらえる
コツをつかんでふれあいを楽しみましょう。

小鳥に安全な存在だとわかってもらおう

仲よくなりたいからとかまいすぎると、かえってきらわれてしまうことがあります。小鳥と仲よくなるためには、コミュニケーションをとって、信らいしてもらうことが大切です。まずは小鳥に安全な人だと知ってもらいましょう。

小鳥と仲よくなるには

小鳥が信らいするのは、小鳥にとってうれしいことをしてくれる人。少しずつふれあっていきましょう。

● いやがることはやめよう

小鳥は大きな音や、大きなものが急に動くことをきらいます。いっしょにいて安全な人だとわかってもらえるように、静かにやさしく接しましょう。

● おやつをあげよう

ケージの外からやさしく声をかけて、近寄ってきたらおやつをあげてみましょう。「この手はいいことをしてくれる」と小鳥にわかってもらいましょう。

● たくさん話しかけよう

ケージの中で長い時間ひとりだと、小鳥はたいくつします。いつも気にかけ、あいさつをしたり、名前を呼んだりして、たくさん話しかけましょう。

● 毎日よく観察しよう

小鳥の気もちはしぐさなどから読みとれます（→34〜35ページ）。小鳥のようすをよく観察しながら、ふれあいのタイミングをはかりましょう。

放鳥しよう

ケージの外で遊べる「放鳥タイム」は、小鳥にとって楽しみな時間。できるだけ毎日朝と夕方に30分など、時間をきめて遊ばせましょう。

放鳥前に確認するポイント

部屋の中には、小鳥にとって危険なものがたくさんあります。安全に放鳥できる部屋かどうか、小鳥を出す前に確認しましょう。

ドアや窓

ドアや窓は必ず閉める。ドアの外に「放鳥中」とはり紙をし、急に開けられないようにしておくと安心。窓にぶつからないようにカーテンも閉める。

すき間

小鳥はせまいところを巣と思い、もぐりこむことがある。引き出しや家具などのすき間はふさいでおく。

誤飲

小鳥はかじることが本能。アクセサリーや輪ゴム、薬など、飲みこむとあぶないものは片づけておく。

危険なもの

アイロンやヒーター、熱い飲みもの、つないだままの電気コードなど、ケガにつながるものがないか確認する。

におい

小鳥は動物の中でも、においに対してとくに弱い。吸いこむと中毒を起こす原因になるにおいに注意する。

身近にある危険なにおい

- テフロン加工のフライパンを空だきしたもの
- タバコのけむり
- アロマオイル、お香
- 漂白剤
- マニキュア、スプレー など

スキンシップをとろう

手になれてもらえると、いろいろな遊びができたり、体をさわって健康チェックができたりします。

スキンシップのとりかた

指にのせる

「おいで」と声をかけながら、小鳥のおなかの下あたりに人さし指を出す。小鳥が片あしをかけたり、のったりしたら成功。これをくり返し、手になれさせる。

体をかいてあげる

小鳥は気もちよいところをかいてあげるとよろこぶ。声をかけながら、小鳥の好きな場所をやさしくかく。なれると、小鳥のほうから頭を下げてくる。

かいてあげるところ

○耳
○首すじ
○ほお
△背中
（さわりすぎると発情するので注意）

小鳥と遊ぶには？

遊びを通して、小鳥とのきずなを深めることができます。小鳥は飼い主と楽しい気もちを共有できると、とてもよろこびます。ひとり遊びを見守ったり、放鳥中いっしょに遊んだりすることで、小鳥ともっと仲よくなりましょう。

ひとりで遊ばせてみよう

小鳥によって好きな遊びはさまざまです。いろいろためして、好みを知りましょう。おもちゃをあげるときは、小鳥自身が興味をもって近づいてくるのを待つことがポイント。けいかいしているようなら、小鳥の前で遊んで見せて、楽しいものだとわかってもらいましょう。

音を鳴らす

鳴いてコミュニケーションをとる小鳥（→34ページ）は、音に興味をもちやすい。すずなどを用意すると、つついて音を鳴らして遊ぶ。

つかむ、転がす

すずの入ったボールなどをあげると、あしでつかむ、くわえる、頭でおして転がすなどして遊ぶ。

こわす

野生では木の皮をはがしたり、殻を割ったりしていることから、かじってこわす遊びを好む鳥も多い。

戦う

小鳥がきらいなものや、こうげき的になるものをおいて、戦わせる。適度なしげきがストレス発散になる。

いっしょに遊ぼう

毎日いっしょに遊ぶととくべつ感がなくなり、小鳥が遊びを楽しみにしなくなることがあります。基本はひとり遊びをさせて、飼い主との遊びは週2～3回くらいにしましょう。また、飼い主が遊びたくても、小鳥の気分がのらない場合は無理にさそわないこと。いやいや遊ばせると、小鳥が遊び自体をきらいになることがあります。

走る

小鳥をのせたままクッションをもち上げる。そのままかたむけて坂をつくると、小鳥がのぼってくる。上に来たらくるりとひっくり返す。

トンネル

手のひらでトンネルをつくり、小鳥にくぐってもらう。空箱の一部を切りぬくなど、家にある材料でトンネルをつくってもよい。

とってこい

机におもちゃのコインなどを広げる。小鳥がくわえたら、声をかけて手を出す。手のひらにコインをのせられたら、おやつをあげる。

いないいないばぁ

小鳥を止まり木や机にのせる。「いないいない」と声をかけながら顔をそむけ、「ばぁ」のかけ声で顔を見せる。

つな引き

トイレットペーパーを適当な長さにちぎり、ねじっておく。はしを小鳥にかませて、声をかけてから軽く引く。小鳥の引きに合わせて、力を調節する。

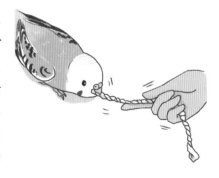

フォージングで遊ぶ

食べものをさがす行動のことを、「フォージング」といいます。野生の小鳥のように、ペットの小鳥もフォージングができると、よいしげきになります。紙の中にごはんを包んでわたすなど、食べものをさがす遊びをくふうしてみましょう。

⚠ つな引きやフォージングは、小鳥が紙を食べないように見守る。

3 小鳥のお世話をしよう

小鳥の気もちを知ろう

小鳥のしぐさなどを観察すると気もちがわかります。気もちを知って、もっと小鳥と仲よくなりましょう。

小鳥はとても感情豊か

小鳥は言葉を話せませんが、声や体を使って気もちを伝えています。気もちを読みとるポイントは「鳴き声」「表情」「しぐさ」です。小鳥をよく観察して、小鳥の気もちをさぐってみましょう。

鳴き声を聞いてみよう

鳴き声は「地鳴き（生まれながらの鳴き声）」「さえずり」「けいかい鳴き」の3種類があり、それぞれ意味がちがいます。

\ インコ /
ピュイッ

呼ばれて、それに答える「さえずり」の一種。

\ オウム /
ア゛～～～

朝や夜に仲間どうしの確認の合図として、おたけびをあげる。

\ インコ /
ピーピー

「こっちに来てよ！」という意味の鳴き声。「呼び鳴き」という。

\ ブンチョウ /
キャルルルル

不満をうったえたり、いかくしたりするときの鳴き声。

\ インコ・ブンチョウ /
ギャッ

「やめて」という意味の鳴き声。「けいかい鳴き」の一種。

表情を見てみよう

目に感情があらわれます。おこっているときなどは、きつい目になります。

おこってるぞ

目が三角形になっているのは、おこっているとき。いかりが静まるまで、そっとしておこう。

こうふんする

こうげきモードになったときや、気もちがたかぶったりしたとき、黒目が小さくなる。

34

しぐさを見てみよう

つばさを動かしたり、くちばしを鳴らしたりと、
ひとつひとつの動きに意味があります。

なんだろう？

興味を示しているときに、首を左右にかしげて、よく見たり、聞いたりしようとする。

やるぞ～

つばさやあしをのばすのは、なにかをはじめる前の行動。「動くぞ！」とやる気になっている。

かいて

寄ってきて、頭を下げるときは、「体をかいて」のアピール。小鳥が満足するまでかいてあげよう。

信らいしてるよ

アイコンタクトは信らいの印。小鳥がじっと見つめてきたら、見つめ返してあげよう。

こっち見て！

読んでいる本や作業中のパソコンにのるのは、自分に注意を向けてほしいとき。「かまって！」のアピール。

おねだり

つばさをうかせてパタパタと動かすのは、「遊んで」「おやつちょうだい」というおねだり。

遊ぼ～

止まり木の上で行ったり来たり、落ちつきなく動くときは、遊びたくてしかたがないとき。

けいかい中

つばさを広げて歩くのは、まわりをけいかいしているとき。あたりを確認して異常がなければ落ちつく。

おこったぞ！

顔のまわりの羽毛をふくらませ、息をはいたり、左右にゆれたりしているときは、おこっているとき。

びっくり

体がシュッと細くなるのは、おどろいたとき。見なれないものや音にきんちょうしている。

リラックス

羽毛をふくらませて丸いおもちのようになってねるのは、安心の印。とても落ちついている状態。

ねむい

くちばしをこすりあわせ、ギョリギョリと音を立てるのは、くちばしのお手入れ中。ねる前の準備をしている。

健康チェックをしよう

小鳥の不調に気づけるように、毎日お世話しながら、小鳥のようすを確認しましょう。

ふだんからよく観察しよう

小鳥は体が小さいため、病気にかかるととてもはやく進行します。体のようすや行動などを観察し、小鳥からのSOSに気づくのは飼い主の大事なつとめ。いつもとようすがちがうとき、すぐに気づけるように、健康なときの小鳥のようすを知っておくことも大切です。

☑ 行動のチェック

ふだんのようすとくらべて、あてはまるようすがあれば□にチェックを入れましょう。気になることは表紙うらの「健康観察カード」に書いて獣医さんに相談しましょう。

右の二次元コードからもダウンロードできます。

□ いつものように鳴かず、元気がない。

□ ごはんをあまり食べない。

□ 起きる時間がおそい。

□ 羽毛をふくらませている。

□「ヒューヒュー」「ゼーゼー」と音を立てて息をしている。

□ うずくまっている。

□ 尾羽をゆらして苦しそうにしている。

□ はいたものが散らかっている。

□ くしゃみやせきをしている。

□ 生あくびの回数が多い。

□ ふらついている。

□ あしを引きずる。

野生で敵からねらわれる立場の小鳥は、弱っているところを見せないように、本能的に体調の悪さをかくしてしまう。小鳥が明らかにつらそうにしていたら、すぐに病院へ。

☑ 体(からだ)のチェック

ケージにいるときに外見(がいけん)をよく見(み)たり、放鳥(ほうちょう)のときに体(からだ)をさわったりして、おかしいところがないか確認(かくにん)しましょう。

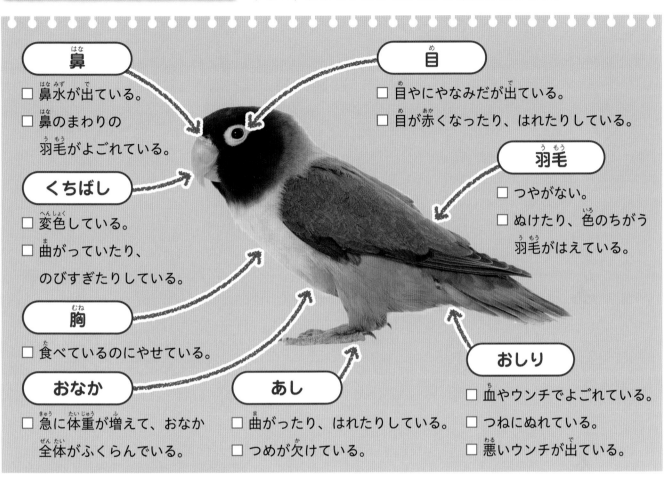

鼻(はな)
- ☐ 鼻水(はなみず)が出(で)ている。
- ☐ 鼻(はな)のまわりの羽毛(うもう)がよごれている。

くちばし
- ☐ 変色(へんしょく)している。
- ☐ 曲(ま)がっていたり、のびすぎたりしている。

胸(むね)
- ☐ 食(た)べているのにやせている。

おなか
- ☐ 急(きゅう)に体重(たいじゅう)が増(ふ)えて、おなか全体(ぜんたい)がふくらんでいる。

あし
- ☐ 曲(ま)がったり、はれたりしている。
- ☐ つめが欠(か)けている。

目(め)
- ☐ 目(め)やにやなみだが出(で)ている。
- ☐ 目(め)が赤(あか)くなったり、はれたりしている。

羽毛(うもう)
- ☐ つやがない。
- ☐ ぬけたり、色(いろ)のちがう羽毛(うもう)がはえている。

おしり
- ☐ 血(ち)やウンチでよごれている。
- ☐ つねにぬれている。
- ☐ 悪(わる)いウンチが出(で)ている。

☑ ウンチのチェック

よいウンチの写真(しゃしん)と、飼(か)っている小鳥(ことり)のウンチをくらべてみましょう。

✕ 悪(わる)いウンチ・オシッコ

黒色(くろいろ)のウンチ　大(おお)きすぎるウンチ　白色(しろいろ)のウンチ

血(ち)がまじったウンチ　つぶつぶのウンチ　緑色(みどりいろ)のウンチ

黄色(きいろ)のオシッコ（にょう酸(さん)が黄色(きいろ)）　緑色(みどりいろ)のオシッコ（にょう酸(さん)が緑色(みどりいろ)）

〇 よいウンチ
よいウンチは、こい緑色(みどりいろ)のウンチと、白(しろ)っぽいにょう酸(さん)でできています。

にょう酸(さん)

🔍 健康観察(けんこうかんさつ)カードを書(か)こう

1日(にち)に食(た)べたごはんの量(りょう)や、ウンチの状態(じょうたい)などがわかると、病院(びょういん)でみてもらうときに役立(やくだ)ちます。毎日(まいにち)のようすを記録(きろく)しておきましょう。表紙(ひょうし)うらの「健康観察(けんこうかんさつ)カード」も利用(りよう)しましょう。

右(みぎ)の二次元(にじげん)コードからもダウンロードできます。

3 小鳥のお世話をしよう

体のケアをしよう

小鳥がいつも元気でいられるように、
必要なケア（お手入れ）のしかたをおぼえましょう。

細やかなお手入れが健康に欠かせない！

小鳥のお手入れで欠かせないのは、体重管理とつめ切り。太りすぎて病気にかかったり、つめがのびすぎてあしをいためたりしないように、お手入れしてあげましょう。

体重をはかろう

体の小さな小鳥にとって、たった数gの体重のちがいも大きな変化となり、健康に影響します。小鳥の変化にすぐ気づけるように、できるだけ毎日ごはんをあげる前に体重をはかりましょう。

体重のはかりかた

体重計に直接のせる

体重をはかるには小鳥を直接体重計にのせる方法がいちばん簡単。部屋に体重計をおいておき、少しずつなれさせていく。

止まり木やプラスチックケースを使う

体重計をこわがるようなら

小鳥を止まり木にのせたり、プラスチックケースに入れたりしたまま、体重計にのせてはかる。体重をはかる前に止まり木やプラスチックケースをのせて、０ｇになるようにセットしておく。

つめを切ろう

小鳥のつめはとても小さいため、切るのがむずかしいです。必ずおうちの人や病院、専門店にお願いして切ってもらうようにしましょう。切るときは、小鳥専用のつめ切りを使います。

⚠ つめの根もとを切ると出血して危険です。

血管

このあたりを切る
2〜3mm

ポイント

つめの中を通る血管を切らないように、先から2〜3mmのところを小鳥専用のつめ切りで切る。

つめの切りかた

1 小鳥をもとう

片ほうの手で体全体を包むようにもち、人さし指と中指で首をそっとはさむ。これを「保定」という。

2 つめをつまもう

小鳥を保定したまま、切りたいつめを親指と薬指でつまむ。力をこめすぎないよう気をつける。

3 つめを切ろう

つめの先につめ切りの先を当てて切る。小鳥があばれてケガをしないように、手ばやく行う。

薬をあげよう

小鳥が病気になり、看病が必要になったら、毎日きめられた薬をあげなくてはいけません。薬のあげかたは水に混ぜたり、直接あげたりする方法があります。じょうずにあげられない場合は、病院の先生に相談しましょう。

薬のあげかた

水に混ぜる

きめられた量の水に薬を混ぜてとかす。薬入りの水以外は飲めないように、水浴び容器や菜さしはおかない。

直接飲ませる

薬の容器を直接口に入れない。小鳥を保定して横向きにし、くちばしの横に薬を1てきたらすと、自然に口の中へ入っていく。

目薬をさすとき

小鳥を保定して横向きにする。目のはしから薬を1てきたらす。目からあふれた薬は、めんぼうでやさしくふきとる。

水浴び・日光浴をさせよう

水浴びと日光浴をさせると、
小鳥にとってどんなよいことがあるのでしょう?

小鳥のようすを見て行おう

水浴びは体のよごれを落とすだけでなく、ストレス発散の効果もあります。また、日光浴はカルシウムを吸収するために必要なビタミンDを体の中でつくるために大切です。元気な小鳥であれば、ときどき水浴びや日光浴の時間をとりましょう。

水浴びをさせよう

水浴びの好きな鳥もいれば、まったくやりたがらない鳥もいます。小鳥のようすを見て、無理をさせないことが大切です。また、病気のときや冬季などは絶対に行わないでください。小鳥が楽しく安全に水浴びができるように、ポイントを見てみましょう。

水浴びのしかた

小鳥のようす
病気の鳥やあしが弱い小鳥にはさせない。また、水浴び中につかれて水から上がれなくなっていないか確認する。

容器
ふたがない浅いお皿や洗面器などがおすすめ。あしがつかるくらいの量の水を入れる。

温度
必ず水で行う。お湯を使うと、羽毛をおおうあぶらがとけだしてしまい、羽がぼさぼさになってしまう。

回数と好み
小鳥が水浴び好きなら、1日1回小鳥があきるまでさせてもよい。容器に入れた水が好きな鳥もいれば、蛇口から出る水が好きな鳥もいる。小鳥の好きなやりかたをさぐろう。

日光浴をさせよう

日光浴は健康のためだけでなく、外の景色を見せたり、風を感じさせたりして、小鳥が気分てんかんできる効果があります。小鳥の体調がよければ、できるだけ毎日30分ほど日光浴をさせましょう。

日光浴のしかた

窓
ガラス戸を閉めたままだと、ビタミンDをつくるために必要な紫外線がさえぎられてしまう。あみ戸にして窓を開ける。

日かげ
暑いときに移動できるように、カーテンを少し閉めるなど、日かげの場所をつくっておく。

! 注意
あみ戸を開けてねこやカラスが入ってこないように、小鳥から目をはなさない。

タイミング

冬は鳥インフルエンザにかからないように、野生の鳥がそばにくるときは屋外での日光浴はしない。また、まわりの家で、かべのぬりかえなどでスプレーやペンキを使っているときは、小鳥が有害な空気を吸ってしまう危険があるため、絶対に窓を開けない。

暑すぎないか、寒すぎないか、小鳥のようすをよく観察しよう。

太陽光ライト

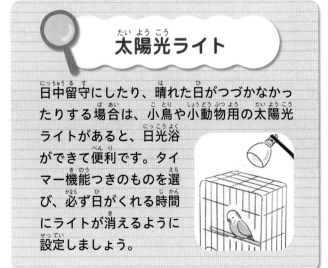

日中留守にしたり、晴れた日がつづかなかったりする場合は、小鳥や小動物用の太陽光ライトがあると、日光浴ができて便利です。タイマー機能つきのものを選び、必ず日がくれる時間にライトが消えるように設定しましょう。

発情期ってなんだろう?

健康な成鳥であれば、いずれおとずれる発情期。
体調に影響するため、よく観察しましょう。

発情をくり返すと体調をくずしてしまう

小鳥が成鳥になると、卵をうむ準備をするために発情期がおとずれます。発情するとこうげき的になったり、発情をくり返して病気になってしまったりすることもあります。できるだけ発情をおさえることが、小鳥の健康につながります。

発情のサイン

> オスも精巣に腫瘍ができやすくなります。

発情のサインは、オスとメスによってちがいます。とくにメスは発情すると、交尾をしなくても体の中に卵をつくります。1年に1～2回卵をうむくらいなら問題はありません。しかし、何度も卵をうむと、卵がつまる、カルシウム不足になるなど病気につながることもあります。

● オスの場合

おしりをこすりつける
発情すると、人の手や止まり木におしりをこすりつけてくる。

食べたものをはき出す
「はきもどし」という行動。オスからパートナーへのプロポーズをあらわす。

求愛ダンスをする
活発におどったり、積極的に歌ったりするのは求愛の印。

● メスの場合

巣をつくる
巣の材料になりそうなものを集めはじめる。コザクラインコの場合、細くちぎった紙を尾羽にさす「短冊づくり」という行動をする。

こうげき的になる
自分を守ろうとする本能（防衛本能）によって、ふだんはおとなしくてもかみつくなど、こうげき的になる。

背中を反る
交尾を受け入れるため、背中を反るポーズをとる。

発情をおさえよう

発情させないいちばんの方法は、発情する原因をなくすこと。どんなことが効果的なのか、お世話のくふうを見てみましょう。

❶ ごはんの量をおさえよう

ごはんがたくさんあると、ヒナを育てられる環境だと思って発情します。必要以上に食べないように量を少なめにしましょう。

夜に目がさめたときにごはんを食べてしまわないように、ねる時間にはケージからごはんの容器をとり出す。

❷ 巣の材料をあたえない

巣の材料になる紙や布、巣のかわりになるような箱はあたえないようにします。暗くてせまい場所も巣とかんちがいするので、放鳥するときはすき間をうめましょう。

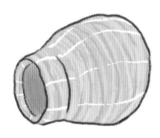

「つぼ巣」も子育てを思い起こさせるので、あたえない。

❸ 明るい時間を調整しよう

明るい時間が長いと、小鳥は繁殖に適したあたたかい季節だとかんちがいしてしまいます。インコは明るい場所にいる時間を1日8～10時間くらいにして、あとはケージにカバーをかけて暗くしましょう。

インコやオウムなどは

ポイント

➡ 早ね早起きさせる

例 午前9時起床・午後5時就寝
明るい時間 …………………… 8時間
暗い時間 …………………… 16時間

ブンチョウは逆！

ポイント

➡ 暗い時間を短くする

例 午前6時起床・午後8時就寝
明るい時間 …………………… 14時間
暗い時間 …………………… 10時間

❹ あたたかくしすぎない

つねにあたたかい温度にしていると、発情しやすくなります。28ページの温度と湿度の目安を参考に、小鳥の体調を見ながら調節しましょう。冬は暖房のききすぎに注意しましょう。

❺ 相手をつくらない

同じ大きさのぬいぐるみなど、相手になりそうなものをケージの中におかないようにしましょう。また、くちばしや背中をさわるなど、発情をさそうふれあいもしすぎないようにしましょう。

3 小鳥のお世話をしよう

病院へ行こう

獣医さんは、小鳥の健康を守ってくれる強い味方。
信らいできる動物病院をさがして連れていきましょう。

病気じゃなくても病院に連れていこう

動物病院は、病気の治療だけでなく、健康診断やつめ切りなどのケアも行っています。病気になったときに困らないように健康なうちから定期的に病院に連れていってならしましょう。かかりつけの病院があると、困ったことや心配なことがあるときも相談ができて安心です。

病院へ行くとき

あらかじめ電話やメールなどで予約をとりましょう。当日は必要なものをもって、小鳥をキャリーケースに入れて連れていきます。

● キャリーケースに入れるもの
□ いつものごはん
□ 温湿度計
□ 野菜や果物（水分補給用）
□ 保温、保冷グッズ

● もちもの
□ 当日とったウンチ（ジップつきのふくろに入れる）
□ 小鳥のようすのメモ（表紙うらの「健康観察カード」を利用しよう）
□ お金（少しよゆうをもって用意）

● 病院で伝えること
□ 小鳥の年れい・性別
□ いつも食べるごはん
□ 体重
□ 生活リズム
□ 食欲
□ 元気かどうか
□ いつから具合が悪いのか
□ いままでかかった病気

キャリーケースに必要なグッズと小鳥を入れて、さらにかばんなどに入れる。のりもので移動するときは、ゆれないようにひざの上でかかえておくか、シートベルトなどで固定する。

かかりつけの病院をさがす

小鳥をみてくれる病院は多くないため、小鳥をむかえる前に病院をインターネットなどでさがしておく。病院をおとずれたら、設備なども確認する。質問に答えてくれて、飼育相談にものってくれる先生だと安心。

健康診断を受けよう

健康診断は小鳥の健康状態を確認できて、病気の早期発見にも役立ちます。1年に2〜3回のペースで受けましょう。

①問診

小鳥の健康状態を先生に伝える。気になることがあれば、このときに相談しよう。

②検査

見る、さわる、音を聞く、血やウンチの状態を調べるなど、いろいろな検査をする。

③結果

検査結果によって、必要であれば薬をもらう。薬の目的やあげかたも聞いておこう。

よくある病気やケガ

小鳥がかかりやすい病気やケガを紹介します。どんなことが原因になるのかを知って、予防に役立てましょう。

PBFD（オウム類のくちばし・羽毛病）

ウイルスの入ったウンチや脂粉（羽から出る粉）が体に入ると感染する。感染すると、羽が変形する、ぬけるなどの症状があらわれる。ヒナのときに感染していることが多い。

トリコモナス症

ヒナに多い病気。寄生虫によって、食道やそのう（食べたものを一時的にためる器官）が炎症を起こしたり、食欲がなくなったりする。

卵づまり

卵がつまってうめなくなるメスならではの病気。ホルモンの異常や老化、卵のうみすぎによるカルシウム不足、環境の変化などさまざまな原因がある。

卵

マクロラブダス症

マクロラブダスというカビが胃に感染すると胃炎を起こし、食欲がなくなる、はく、ウンチが黒くなるなどの症状があらわれる。

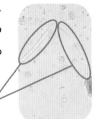

カビ

肝疾患

太りすぎや細菌感染、中毒などが原因で、肝臓に異常が起こる。くちばしやつめの変形、体重の急激な増減、羽毛の変色、黄色のオシッコなどが見られる。

骨折

放鳥中に小鳥をふむ、ドアではさむなど、人がケガをさせてしまったり、小鳥自身が飛んでいて窓やかべにぶつかって骨折してしまったりする。

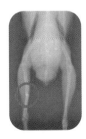

趾瘤症

あしのうらがはれる病気。あしに合わない太さ・かたさの止まり木に止まること、太りすぎ、にぎる力の低下などが原因。

心疾患

老化や太りすぎ、発情、栄養不足などが原因で、心臓に異常が起こる。くちばしがむらさき色になったり、息が苦しくなったりする。突然死の危険もある。

鳥クラミジア症

細菌に感染した小鳥のウンチやだ液からうつり、くしゃみや鼻水、肺炎などが起こる。小鳥だけでなく人にも感染し、かぜのような症状が出る。

こんなとき、どうする？ Q&A

小鳥とくらしていると、いろいろな問題が起こることがあります。
いざというとき、どうしたらよいでしょう？

Q 小鳥がにげたら？

A 警察署や交番へ行く

小鳥が外ににげてしまったときは、にげた方向に名前を呼びながら追いましょう。見つからなければ、保健所や動物愛護センターに連絡したり、近くの警察署や交番へ行き、「遺失物届」を出したりしましょう。連絡を待つ間、近くの動物病院や鳥の専門店などに、迷子のポスターをはらせてもらうのもよいでしょう。電柱にはりたい場合は、電柱を管理している電力会社に連絡します。

巻末のポスターも利用しましょう。
右の二次元コードからもダウンロードできます。

迷子の鳥を保護したときは「拾得物届」を警察に出す。
野鳥のヒナが地面に落ちていた場合は、近くに親鳥がいることが多いので、拾わずそっとしておく。

Q 災害が起こったら？

A 事前にひなんの準備をしておき、小鳥といっしょにひなんする

災害が起きたら、ペットといっしょににげる「同行ひなん」が基本。事前にペット可のひなん所を調べておくと安心です。また、ひなん先では小鳥はキャリーケースの中で生活することになります。ふだんからキャリーにならしておくことも大切なそなえです。

小鳥用ひなんグッズ

人用のひなんグッズといっしょに
小鳥用のグッズも準備しましょう。

☐ いつものごはん（7日分くらい）
そなえのごはんは、消費期限が切れる前にふだんから使っていきましょう。定期的に新しいものと交かんしましょう。

☐ 服用している薬やサプリメント

☐ 食器（プラスチック製のもの）

☐ 保温用のカイロ

☐ キャリーケース

☐ キャリーケースをおおうタオルか布

Q 小鳥はお留守番ができる？

A お留守番は1泊2日まで

小鳥の健康状態がよく、ヒナや病気の鳥、老鳥でなければ、1泊までなら家で留守番させてもだいじょうぶ。ごはんや水などをきちんと準備し、エアコンをつけたままにして出かけましょう。それ以上長くなるなら、信らいできる人にお世話をたのむか、ペットホテルや動物病院などにあずけましょう。

Q 年をとったら、どんなお世話が必要？

A できなくなったことを手助けする

小鳥によって差がありますが、だいたい6〜8さいくらいから、老化が進んでいきます。目が白くなったり、あしが弱くなってすべりやすくなったりと、見た目や行動に老化のサインがあらわれます。小鳥の変化に合わせて、お世話のしかたも変えていきましょう。

▲ 老鳥のケージレイアウト例

フン切りあみをはずし、ペーパータオルをしく。食器をゆかの上におき、止まり木は低い位置にセットする。

老鳥のお世話

● コミュニケーション
目が見えづらくなったり、いままでのように体が動かせなくなったりすると、小鳥は不安になる。笑顔で声をかける、やさしくなでるなど、いままで以上に小鳥を気にかける。

● ごはん
食欲がないなら、お気に入りのごはんの量をふやす。お湯でふやかしたペレットをあげてもよい。

お別れのときがきたら？

悲しいことですが、小鳥の命は人よりもずっと短いため、いつかはお別れのときが来ます。小鳥が亡くなったら、どのようにおくりたいか、家族で話しあってきめておきましょう。

亡くなったら
体をきれいにふいて羽毛を整え、ティッシュペーパーやガーゼをしいたふたつきのプラスチック容器などにおさめる。埋葬するまでは、保冷剤などを入れて保管する。

埋葬方法
庭があれば、庭にお墓をつくってもよい。自治体で火葬をしてくれるところもあるので、役所にたずねてみよう。また、ペット霊園を利用する方法もある。

さくいん

監修	寄崎まりを （よりさき・まりを）

鳥と小動物の専門病院「森下小鳥病院」院長。日本大学生物資源科学部獣医学科卒業後、犬猫の動物病院、横浜小鳥の病院勤務を経て渡米。カリフォルニアの鳥専門病院「The Bird Clinic」やフロリダの鳥類やエキゾチックアニマル専門病院「Broward Avian ＆Exotic Animal Hospital」で研鑽を積んだのち、2014年に森下小鳥病院を開院。監修書に『BIRDSTORYのインコの飼い方図鑑』（朝日新聞出版）がある。写真は愛鳥のコザクラインコのマンゴーちゃん。

撮影協力

● 認定NPO法人TSUBASA　https://www.tsubasa.ne.jp

編集協力

● イラスト　　　　　藤田亜耶
● デザイン・DTP　　monostore
● 撮影　　　　　　　中島聡美、宮本亜沙奈
● 編集協力　　　　　スリーシーズン
● 写真協力　　　　　すずねさん・わさびちゃん、あゆみさん・らむねちゃん、中島理仁さん、
　　　　　　　　　　コン太ちゃん、ピノちゃん、うにちゃん、ししゃもちゃん
● 写真提供　　　　　シャッターストック、ピクスタ

生きものとくらそう！❷ 小 鳥

2024年1月30日　初版第1刷発行
監修　寄崎まりを
編集　株式会社 国土社編集部
発行　株式会社 国土社
　　　〒101-0062 東京都千代田区神田駿河台2-5
　　　TEL 03-6272-6125　FAX 03-6272-6126
　　　https://www.kokudosha.co.jp
印刷　瞬報社写真印刷株式会社
製本　株式会社 難波製本

NDC 646,488　48P/29cm　ISBN978-4-337-22502-2　C8345
Printed in Japan ⓒ2024 KOKUDOSHA

迷子ポスター

もしも、小鳥がにげてしまったら、右ページの見本を参考に
迷子ポスターをつくろう。
このページをコピーして使おう。右の二次元コードからもダウンロードできるよ。

鳥をさがしています。

写真をはろう

鳥の名前

いなくなった日時、場所

年れい ....

性別 ....

羽の色、もよう ....

特ちょう ....

....

連絡先

保護した人や見かけた人は、ご連絡ください。どうぞよろしくお願いします。